Philippe Boyer

Vom Leben der Wildbienen

Philippe Boyer

Vom Leben der Wildbienen

Über Maurer, Blattschneider und Wollsammler

Aus dem Französischen übersetzt
von Ulf Müller

ulmer

Inhalt

„Wenn ich in einem dunklen Zimmer bin, bereitet es mir einen unendlichen Genuss, durch ein Fenster einen unermesslichen Horizont vor mir sich ausbreiten zu sehen.“

Giacomo Casanova

Als kleiner Junge war ich von allem fasziniert, was flog, besonders von fliegenden Tieren.

Am liebsten sah ich der Feldlerche zu, wie sie sich im Steigflug immer höher schraubt und dabei so melodisch singt. Das Männchen überwacht so sein Revier, auf der Suche nach einem paarungsbereiten Weibchen. Damit ist die Feldlerche eine der wenigen Vogelarten, die ihren Werbegesang im Flug vortragen. Um wieder herunterzukommen, lässt sie sich wie ein Stein zu Boden fallen und ist dann dort wegen ihrer Gefiederfärbung kaum noch vom Untergrund zu unterscheiden. Ich habe sie immer nur bruchstückhaft wahrgenommen, aber das hat meine kindliche Neugier angestachelt. Ihr Nest zu finden, das gut versteckt zwischen Pflanzen liegt, war eine Heldentat. Ich musste lange durch die Wiesen streifen, um dann irgendwann auf ein Häuflein hungriger Jungvögel zu stoßen. Aber am liebsten war es mir, wenn die Eier einfach nur im Nest lagen. Ihre Form und Farbe faszinierte mich. Ich spürte dieselbe Unruhe wie an dem Tag, als ich beim Graben an einem Kreidefelsen ein paar fossile Seeigel fand, kleine runde Steine mit fünf sternförmig angeordneten Rippen auf der Oberseite. Als diese Spuren einer Jahrmillionen zurückliegenden Vergangenheit dort vor mir ans Tageslicht traten, spürte ich Ehrfurcht gegenüber ihrem längst vergangenen Leben.

Mein Großvater, der mich immer wissbegierig erlebte, schenkte mir mein erstes Naturbuch, einen Vogelführer, den ich heute noch besitze. Darin gab es Abbildungen der Eier, die auch im Text beschrieben waren, zusammen mit vielem Wissenswertem zu Bestimmung, Nestbau und Verhalten aller mir bekannten – und noch unbekannten – Arten. Als ich dort den Mauerläufer entdeckte, war das einer der großen Momente in meiner von wilden Tieren angefüllten Kindheit. Man erfuhr, wie der Vogel mit seinen karminrot-schwarzen, weiß gefleckten Flügeln wie ein Schmetterling im Flatterflug die Felswände erklimmt und dabei nach kleinen Insekten sucht. Diesen Bewohner der Gebirgsregionen hatte ich vorher noch nie gesehen.

Noch am selben Abend machte ich mich auch mit den vielen anderen Vogelarten in dem Buch vertraut. Oft sind es genau solche Momente, an denen wir einen Globus zu Hilfe nehmen, was ich dann auch tat. Mit einer kleinen Lampe von innen beleuchtet, wirkte mein Globus – ein weiteres Geschenk meines Großvaters an mich – wie ein Mond. Die Landmassen wurden von feinen schwarzen Linien unterteilt, jedes Land hatte eine eigene Farbe, und ein Netz aus senkrechten und waagerechten Strichen überzog den ganzen Globus. Den Entdeckern unserer Welt diente er zur Orientierung, und für mich war er ein Fundament, genauso wie das Vogelbuch. Durch ihn erhielt das Entdecken eine weitere Dimension.

Ich lernte umherzuwandern, genau hinzusehen und meine Beobachtungen aus einer Welt, die sich sehr von unserer oberflächlichen unterscheidet, festzuhalten. Auf meiner Suche nach dem Unbekannten haben die Insekten mit der Zeit die Vögel abgelöst, aber ich beobachte die Natur noch immer mit der gleichen Begeisterung wie damals als Kind.

Im Sommer erfüllt der Werbegesang der Grillen die Tage und die Abende. Das Zirpen, das dieses kleine Tier durch Aneinanderreiben seiner Flügel erzeugt, ist weithin zu hören, aber wenn man sich ihm nähert, bricht das ländliche Konzert unweigerlich ab. Man muss sich erst wieder entfernen, damit das kleine Tier erneut seinen Gesang aufnimmt. Zum Spaß blieb ich gerne direkt in seiner Nähe und wartete ganz still, bis es wieder mit dem Singen begann. Seine „Grillenfrau" war sicher genauso aufmerksam wie ich, aber aus einem ganz anderen Grund.

Mit einem Zweig oder einem langen Grashalm, mit dem ich das Männchen ärgern konnte, lockte ich es aus seiner Erdröhre heraus. Seinen Gesang hatte es eingestellt, als ich mich ihm näherte, aber jetzt konnte ich es dafür gut beobachten. Ich wusste, dass es die Geräusche mit seinen Flügeln erzeugt, und versuchte, den Mechanismus zu verstehen. Sobald es sich beruhigt hatte, kletterte das Grillenmännchen zurück in den Eingangsbereich seiner Wohnung, und ich nahm meinen Streifzug durch die Wiese wieder auf.

Ich wuchs in dem Bewusstsein auf, von einer ungeheuren Vielfalt an Lebewesen umgeben zu sein, jedes mit einem ihm ganz eigenen Verhalten. In dieser Zeit begann ich, alles zu notieren, was ich entdeckte, und meine wachsende Neugier wandte sich den Insekten zu. Damit verlor sie jedes Maß. Es gibt Hundertausende verschiedener Arten mit Abermilliarden Individuen, die ständig unter uns sind, ohne dass wir sie – zumeist –auch nur bemerken. Es sind kleine Lebewesen, und wir übersehen sie schnell. Jeder von uns hat einmal als Kind einen Marienkäfer am ausgestreckten Finger entlanglaufen lassen und dabei versucht, die Punkte auf den Deckflügeln zu zählen, bevor der Käfer dann schließlich davonflog. Mit einem solchen Spiel übt man das Beobachten. Es spricht die Freude am Erforschen daraus, an der Jagd durchs hohe Gras, an der brütenden Hitze des Sommers.

Meine Wanderungen unterbrach ich oft an den Rändern der Wiesen, um im Schatten der Bäume die Bienenstöcke zu beobachten. Es faszinierte mich, diese Unmengen an Tieren an den menschengemachten Kästen ein- und ausfliegen zu sehen. Es waren Abertausende, und einmal versuchte ich aus reiner Neugier, ganz nah heranzukommen. Die Musik in meinen Ohren war nun kein Grillengesang mehr, sondern das bedrohliche Dröhnen der Bienenflügel. Als Erstes musste ich lernen, mich nicht von den Tieren stechen zu lassen. Wenn es sehr heiß war, konnte ich den Bienenstock riechen, das herrliche Aroma von Wachs, Propolis und Honig, die Essenz der Blumen, die im Dunkel der Waben entstand. Dies alles wird durch einen Organismus kontrolliert, der aus Tausenden von aufeinander angewiesenen Individuen besteht. Die Biene ist eine der wenigen Tierarten, die eine solche Umwandlung von Materie leisten.

Ich kannte eine Baumhöhle, in der ein wilder Bienenschwarm lebte. Es freute mich, dass es ihm gelungen war, sich aus dem besonderen Verhältnis zu lösen, das die Bienen seit Jahrhunderten an den Menschen bindet. Die Höhle lag so hoch, dass ich das Kommen und Gehen der Arbeiterinnen nicht von Nahem beobachten und auch den ganz besonderen Geruch des Bienenstocks nicht wahrnehmen konnte. Aber ich wusste, diese Bienen dort führten noch das Leben von Wildinsekten – eine Existenzweise, die selten geworden war.

Ich wandte mich wieder den künstlichen Bienenstöcken aus Brettern zu, um den kleinen Völkern beim Ausfliegen zuzusehen. Und ich beobachtete sie beim Sammeln auf den Blumen in der Umgebung. Wenn sie von ihren Flügen zurückkamen, waren ihre Beine mit Pollen beladen, der je nach besuchter Blüte eine andere Farbe hatte. Dabei sah ich auch, dass neben den Bienen noch viele andere Insektenarten die Blütenkronen durchforsteten: Käfer und noch öfter bunt gefärbte, ungeheuer flinke Fliegen.

Dann bemerkte ich zum ersten Mal Bienen einer anderen Art als der aus meinem Bienenstock. Sie unterschieden sich in Größe, Form und Farbe und in der Art, wie sie ihren Pollen transportierten. Bei einigen war die Unterseite ihres Hinterleibs mit dem gelbem Puder überstäubt, andere horteten die Körner lose an ihren Hinterbeinen, ganz anders als die Honigbiene.

Am Ende des Herbstes bemerkte ich einige Hundert Bienen, die in der Nähe einer Böschung umherschwirrten. Der Boden war von einem Gangsystem durchzogen, das die Kolonie beherbergte, und man brauchte ein geschultes Auge, um ihre Bewohner von den Honigbienen zu unterscheiden. Die Ähnlichkeit der Tiere war verblüffend, aber da die einen in kleinen Röhren in der Erde wohnten und die anderen nicht, mussten sie verschiedenen Arten angehören. Beide teilten sich die letzte große Blühphase des Jahres – die des Efeus.

Erst sehr viel später, als die Wildbienen zum Hauptobjekt meiner Beobachtungen wurden, erkannte ich, dass es sich hier um die erdbewohnende Efeu-Seidenbiene gehandelt hatte, eine der Hunderte von Solitärbienenarten, die es gibt. In Büchern zur Insektenkunde erfuhr ich einiges über die Verhaltensweisen der meisten von ihnen, und mein Blick für ihre Welt schärfte sich.

Auch heute noch wandere ich durch die Wiesen, führe Beobachtungsjournale und fotografiere die Natur, die immer mehr zu leiden hat. Die Bienen verschwinden, und ihre wilde Schönheit verblasst langsam, in einer Landschaft, die sich mit zunehmender Industrialisierung stark gewandelt hat. Im vergangenen Sommer fand ich im Blütenkelch einer Glockenblume eine schlafende *Melitta*, eine Solitärbiene aus der Gattung der Sägehornbienen. Bei dieser hinreißenden Begegnung spürte ich dieselbe Erregung wie damals in meiner Kindheit, als ich den versteinerten Seeigel in meiner Hand hielt. Wird es die Bienen, die aus so ferner Vergangenheit stammen und heute vom Aussterben bedroht sind, noch lange auf unserem Planeten geben?

Es gibt inzwischen viele Bücher über die Bedeutung, die die Bienen schon seit Urzeiten für uns Menschen haben. Aber die meisten davon beziehen sich in der einen oder anderen Weise auf die Imkerei.

Apis mellifera, die Honigbiene, war eine soziale Wildbiene, die durch ihre große Anpassungsfähigkeit zum Haustier gemacht wurde. Sie unterliegt heute einem Produktionssystem mit problematischen Folgen. Der Mensch hat sie den eigenen Interessen unterworfen und dabei leider oft ihre Biologie aus den Augen verloren. Vermutlich wurde die Honigbiene erst Mitte des 19. Jahrhunderts mit der Erfindung des mit Rähmchen ausgestatteten Bienenstocks zum Haustier. Bis dahin war sie ein Wildtier, das man in Weidenkörben oder Terrakottagefäßen hielt. Das bewegliche Rähmchen, das die Honigentnahme erleichtern sollte, erlaubte Zugriff auf das Herz des Bienenstocks. Seitdem stehen dem Imker alle Möglichkeiten offen. Zum ersten Mal kann er nun nach Belieben in das Leben der Bienen eingreifen, indem er die Königinnen künstlich befruchtet, das Ausschwärmen unterdrückt und chemische Mittel benutzt. Und nicht zuletzt entnimmt er dem Bienenstock in großem Maße Honig, Pollen und Gelée Royal.

Nach 80 Millionen Jahren reibungsloser Evolution reichten ein paar Jahrzehnte, und der Alptraum einer Welt ohne Bienen beginnt Wirklichkeit zu werden. Sie wieder als Wildtiere zu begreifen bedeutet auch, die institutionalisierte Bienenzucht zu hinterfragen, auch wenn diese sicher nicht als Einzige für das Bienensterben verantwortlich ist. Der Ersatz einer vielfältigen Blütenpflanzenflora durch Monokulturen, der Umbau der Landschaft und der massenhafte Einsatz von oft systemischen Pestiziden tun ihr Übriges. Das Massensterben der Honigbienen ist der erste oder besser der sichtbarste Hinweis auf diese Katastrophe.

LINKE SEITE: Eine Honigbiene putzt sich auf der Blüte eines Natternkopfs.

Aber auch die weniger auffallenden Solitärbienen und Hummeln verschwinden durch Gifte, Nahrungsmangel und fehlende Nistgelegenheiten. Was letzteren Aspekt betrifft, sind Bienen allgemein an das Leben im Bienenstock angepasst – zumindest wenn sie nicht die solitäre Lebensweise der Wildbienen führen, von denen Hunderte von Arten Erde, Holz, Lehm oder andere Baumaterialien für ihr Fortpflanzungsgeschäft benötigen. Man muss nur einmal einer Blattschneiderbiene dabei zusehen, wie sie ein Stück aus einem Pflanzenblatt herausschneidet und damit das Innere ihres Nests auskleidet, und man wird das Einzigartige ihres Verhaltens bewundern.

Aus recht komplizierten Gründen ist die Existenz der Honigbienen untrennbar mit der der Solitärbienen und der Hummeln verknüpft. Keine von ihnen kann ohne die andere überleben. Indem sie sich in ihrer Bestäubungstätigkeit ergänzen, sind sie für die Pflanzen unverzichtbar und damit auch für die gesamte Vielfalt des Lebens auf unserem Planeten.

Bienen gehören zur Überfamilie Apoidea, die wiederum den Hymenopteren (Ordnung Hautflügler) zugeordnet sind.

In Deutschland gibt es über 560 Bienenarten aus 7 Familien:

Solitärbienen: **Colletidae** (Seidenbienen)
Andrenidae (Sandbienen und andere)
Halictidae (Schmalbienen)
Megachilidae (Bauchsammelbienen)
Anthophoridae (Pelzbienen)
Melittidae (unter anderem Schenkelbienen, Ölbienen und Sägehornbienen)

Soziale Bienen: **Apidae** (Echte Bienen wie Hummeln und Honigbiene)

RECHTE SEITE: Natternkopf. Mit seinem speziell geformten Blütenkelch und den zungenförmigen Staubgefäßen erinnert er, der Name sagt es schon, an den Kopf einer Natter. Da ein Grundsatz der Signaturenlehre war, dass man „Ähnliches mit Ähnlichem heilt", folgte man vom Ende des Mittelalters bis ins 18. Jahrhundert diesem Prinzip, um mit der Pflanze Natternbisse zu kurieren.

Die Honigbiene: eine soziale Bienenart

Die Honigbiene ist ein soziales Insekt. Sie bildet einen regelrechten Organismus aus Tausenden von Individuen, die alle voneinander abhängig sind: den Bienenstaat. In der Natur gründet die Honigbiene ihre Kolonie in einer Felsnische oder einer Baumhöhle. Aber seit ihrer Domestikation findet man sie praktisch nur noch im Bienenstock.

Das Bienenvolk verbreitet sich durch Ausschwärmen. Wenn das Volk für den Stock zu groß geworden ist, teilt es sich in zwei Hälften:

- Die eine Hälfte besteht aus Tausenden von Bienen und verlässt den Stock zusammen mit der „alten Königin", um eine neue Kolonie zu gründen. An einem Ort, der von den „Kundschafterinnen" auserkoren wurde, bauen die dafür zuständigen Arbeiterinnen Reihen senkrechter Waben aus Wachs mit vielen sechseckigen Zellen. Diese Zellen dienen als Aufbewahrungsort für Honig, Pollen und Brut (also die Eier und Larven der Bienen). Wenn die Arbeiten weit genug fortgeschritten sind, beginnt die Königin wieder mit der Eiablage. Daraufhin muss die gesamte Gesellschaft neu organisiert werden.
- Die andere Hälfte des Bienenvolks bleibt im alten Stock zurück und zieht eine neue Königin heran. Diese tötet schon bald ihre Schwestern, mit denen sie zusammen in den größeren Brutzellen aufgezogen und mit Gelée Royal gefüttert wurde. Der Hochzeitsflug findet ein paar Tage später statt. Die neue Königin paart sich dabei im Flug mit mehreren Männchen, den Drohnen. Dann legt sie im Lauf ihres bis zu fünf Jahre dauernden Lebens Tausende von Eiern.

Die komplexe Organisation des Bienenstaats wird durch chemische Botenstoffe (Pheromone) der Königin und der Arbeiterinnen gesteuert. Im Stock herrscht eine strenge Arbeitsteilung. Die unfruchtbaren Arbeiterinnen sind in Kasten unterteilt, und ihre Zugehörigkeit richtet sich nach ihrem Alter. Zunächst dienen sie als Putzbienen, Ammen und Bauarbeiterinnen, danach verwandeln sie den Nektar in Honig, erkunden die Umgebung des Nests, belüften es und dienen schließlich als Wächterinnen. Ihr Leben beschließen sie als Sammlerinnen, die Pollen und Nektar zur Ernährung des Bienenstaats heranschaffen. Mithilfe der Nahrungsmittelreserven kann das Bienenvolk den Winter überstehen, um dann im darauffolgenden Frühling weiter zu wachsen und erneut auszuschwärmen und so den Erhalt der Art zu sichern.

LINKE SEITE: Wabe aus Bienenwachs. 8–10 kg Honig müssen die Bienen fressen, um daraus mit ihren Wachsdrüsen 1 kg Wachs zu erzeugen. Mit dieser Menge können sie 80 000 Zellen bauen.

OBEN: Honigbiene am Blütenblatt einer Rose.

RECHTE SEITE: Honigbiene unter einem Brennnesselblatt. Das Tier ist für einen Moment wie erstarrt, wahrscheinlich überrascht von der Kühle dieses Septemberabends.

OBEN: Eine Löwenzahnblüte öffnet sich. Ab Frühlingsanfang wird sie von den Bienen besucht, die ihren Pollen sehr schätzen, denn dieser dient den Larven als Nahrung. Der Beginn der Blühphase markiert den Moment, an dem das Leben im Bienenstock wieder erwacht.
LINKE SEITE: Eine Honigbiene an einem Blütenstand des Efeus. Zum Einsammeln des Pollens benutzt die Biene ihre Zunge, die Oberkiefer und ihre Hinterbeine. Die kleinen Körner, die ihren Körper überpudern, werden während des Flugs mit Nektar befeuchtet und an den Bürsten auf den Hinterbeinen festgeklebt. Mit der Zeit bilden sich dort kleine feste Kügelchen, die sogenannten Pollenhöschen.

FOLGENDE DOPPELSEITE: Als einzige Bienenart besitzt die Honigbiene zwischen ihren Einzelaugen Borsten. Diese haben die Funktion von Wimpern. Die Einzelaugen oder Ommatidien bilden zusammen das Komplexauge, das der Biene eine an ihre Lebensweise angepasste Sicht erlaubt. Die Bienenkönigin besitzt rund 3500 Ommatidien, die Arbeiterinnen haben 4500 und die Männchen 7500 Einzelaugen.

Hummeln: soziale Wildbienen

Anders als bei den Honigbienen gründet die Königin der Hummeln ihre Kolonie allein. In Deutschland gibt es über 30 Hummelarten.

Nach dem Überwintern unter einer Schicht aus Pflanzenmaterial oder in einer Erdhöhle macht sich die Hummelkönigin, ein fruchtbares Weibchen, auf die Suche nach einem Nistplatz. Bevor sie mit dem Bau des Nests beginnt, hat sie sich rund zwei Wochen in der Sonne aufgewärmt und sich an den ersten Frühlingsblumen mit Proviant versorgt. Sie könnte das alte Nest eines kleinen Nagers wiederverwenden, oder das eines Vogels oder einen noch ungewöhnlicheren Ort. Oder sie baut aus Pflanzenteilen oder trockenem Moos eine Höhle und bestreicht das Ganze mit Wachs. Als nächstes formt sie ein kleines Gefäß und danach eine Wabenzelle aus Wachs. Ersteres dient als Vorratsgefäß für Honig, um Schlechtwetterperioden zu überstehen, das zweite ist dem Gelege aus rund zehn Eiern vorbehalten, die sie auf ein Pollenkissen legt. Aus den Eiern schlüpfen nach vier bis fünf Tagen die Larven. Je nach Art ernähren sie sich selbst von dem Pollen, der in kleinen, an die Brutkammer angrenzenden Zellen deponiert ist, oder die Königin füttert sie, indem sie Nahrung hervorwürgt und verteilt. Nach einer Woche spinnen sich die Larven in Kokons ein, aus denen sie sich gut zwei Wochen später nach erfolgter Metamorphose wieder befreien. Ihr anschließender Flug markiert den Fortbestand der Gemeinschaft. Die Königin, die bislang damit beschäftigt war, Pollen und Nektar zu sammeln, widmet sich von nun an hauptsächlich dem Eierlegen und verlässt kaum mehr das Nest. Ihre Töchter, die unfruchtbaren Arbeiterinnen, übernehmen nun das Sammeln und den Nestbau und kümmern sich um den Nachwuchs. Die Kolonie wächst zusehends (je nach Art auf etwa 60 bis 300 Tiere), bis schließlich Anfang oder Mitte des Sommers geschlechtsreife Männchen und Weibchen schlüpfen. Nach den darauffolgenden Paarungen nimmt die Zahl der Arbeiterinnen und Männchen bis zum Herbst wieder ab. Mit dem Tod der Königin sind schließlich alle Hummeln verschwunden, bis auf die jungen befruchteten Weibchen. Im darauffolgenden Frühling werden sie ihren eigenen Hummelstaat gründen.

Bei den Hummeln ist das Verhalten von Art zu Art verschieden. So gibt es etwa bei der Erdhummel pro Jahr zwei Generationen von eierlegenden Weibchen.

LINKE SEITE: Ackerhummel auf einer verwelkten Rosenblüte.

OBEN: Eine Hummel auf der Blüte einer Rainfarn-Phazelie. Man trifft Hummeln noch auf über 3000 m Meereshöhe an, und nicht selten kann man die Königinnen noch bei 6–7 °C beobachten.

LINKE SEITE: Hummel auf der Blüte einer Vogel-Wicke. Da die Blütenkrone zu lang ist, um an den Nektar heranzukommen, durchbohrt die Hummel, wie hier zu sehen, das Blütenblatt mit ihren Mundwerkzeugen.

VORIGE DOPPELSEITE: Eine Steinhummel auf den Blüten des Wiesen-Klees.

OBEN: Purpurrote Taubnessel. Bienen besuchen deren Blüten wegen ihres reichen Pollenangebots.

RECHTE SEITE: Gartenhummel auf dem Blütenkopf eines Wiesen-Klees. Die Zunge, die zum Ansaugen des Blütennektars dient, ist bei den Königinnen bis zu 21 mm lang, bei den Arbeiterinnen erreicht sie bis zu 16 mm. Unter Hummeln ist das ein Rekord! Zum Vergleich: Die Zunge einer Honigbiene kommt nur auf 6 mm Länge.

Solitärbienen

Die Solitärbienen bilden die große Mehrheit der Bienen (in Deutschland sind es um die 550 Arten). Sie haben meist kein Gemeinschaftsleben, auch wenn es bei einigen Vertretern der Schmalbienen und der Pelzbienen Ansätze einer sozialen Lebensweise gibt.

Jedes befruchtete Weibchen baut sein eigenes Nest. Dieses besteht aus hintereinander aufgereihten Zellen oder Kammern, die das Weibchen vor der Eiablage mit einem Gemisch aus Pollen und Nektar befüllt. Die Weibchen nutzen dafür schon vorhandene Gänge oder graben selbst welche in die unterschiedlichsten Materialien, wie zum Beispiel Holz, Erde oder Lehm. Je nach Art sucht sich die Biene dazu trockene, warme Stellen in Sandböden oder lehmigen Böschungen, in Kiesgruben, Trockenrasen oder Gärten, und benutzt verschiedene Materialien für den Bau der Brutzellen, darunter Harz, Lehm und Blätter sowie anderes pflanzliches Polstermaterial. Die Art und Weise, wie sie Nektar sammelt oder Pollen transportiert, kann sich dabei je nach Art der Biene deutlich unterscheiden.

Diese Bienen sind immer nur kurz um uns herum, höchstens ein paar Wochen lang. Die Dauer hängt von ihrem Fortpflanzungszyklus ab und richtet sich nach der Jahreszeit und der jeweiligen Bienenart. Für manche beginnt er am ersten Frühlingstag, für andere reicht er bis in den Herbst hinein.

LINKE SEITE: Männchen einer Sandbiene auf einem Hahnenfuß.

UNTEN: Mauerbiene auf einer Löwenzahnblüte.

FOLGENDE DOPPELSEITE: Weibchen einer Sandbiene auf einer Ähre.

OBEN: Eine sehr kleine Furchenbiene auf einem Hahnenfuß.

RECHTE SEITE: Männchen einer Sandbiene auf einem Löwenzahn.

Vielfalt an Arten heißt Vielfalt an Formen, Farben und Verhaltensweisen – und das macht es schwer, sich in dieser Welt der zahllosen Schattierungen zurechtzufinden. Jede Saison ist eine neue Herausforderung an die eigene Artenkenntnis. Von den Wiesen meiner Kindheit bis zu meinem heutigen winzig kleinen Garten inmitten der Stadt habe ich nie mit dem Beobachten aufgehört und bin immer neuen Rätseln nachgegangen. Im Winter warten unzählige Bienen, schlafend in der Erde oder unter Holz versteckt, auf den Frühlingsanfang. Wenn der Moment gekommen ist, gibt ihnen der Instinkt die Verhaltensweisen vor, die ihr Überleben sicherstellen. Und die Perfektion, die sie dabei an den Tag legen, ist unglaublich. Als Erste im Jahr erscheint die Mauerbiene (*Osmia* sp.), die ich von allen am besten kenne. Ich bin mit fast jeder ihrer Verhaltensweisen vertraut, und das gibt mir den Schlüssel zum Verständnis anderer Arten, die viel schwerer zu beobachten sind. Jedes Jahr warte ich ungeduldig auf das Ende des Winters, um die Mauerbienen wiederzusehen und ihnen neue Rätsel zu entlocken. An den ersten schönen Tagen mache ich nichts anderes, als mein Wissen über sie zu erweitern.

LINKE SEITE UND RECHTS: Männliche Sandbiene auf einem Pflanzenstängel.

Ich habe oft gesehen, wie ein Holzblock riss und ein kleiner Gang zum Vorschein kam, angefüllt mit einer Reihe von Kokons, die wie auf einer Schnur angeordnet waren. Ich ließ sie unter einer Glasglocke schlüpfen, und sie erwiesen sich als Bienen – meist waren es Blattschneiderbienen der Gattung *Megachile*. Wie gelangen diese kleinen Kämmerchen in so perfekter Ordnung in das Holz?

Da es sehr schwer ist, das Verhalten der Insekten in ihrem natürlichen Umfeld zu beobachten, höhlte ich einige Pflanzenstängel aus, um dieses Umfeld nachzuahmen und ein paar Bienen anzulocken. Ich wollte ihr Verhalten untersuchen. Gegen Ende des Winters nahm ich ein paar ausgehölte Holunderstängel und ein paar Bambusabschnitte, die an der einen Seite noch geschlossen waren. Dann schichtete ich sie bündig unter ein Regendach und richtete das Ganze mit den Öffnungen nach Süden bis Südwesten aus.

Hohle Stängel als Wohnungen für Solitärbienen. Sie bestehen aus ausgehöhlten Holunder- und Bambusabschnitten von 4–9 mm Durchmesser und 20 cm Länge.

Mauerbienen der Gattung Osmia

Mit den ersten Frühlingstagen zeigten sich ein paar rot-schwarz gefärbte Rumtreiber und suchten nach einer Bleibe für ihren Nachwuchs. Es kamen allerdings nur wenige von diesen Mauerbienen der Gattung *Osmia*, denen im Lauf des Frühlings weitere Bienen- und Wespenarten folgten. Leider lernte ich zunächst nicht sehr viel über ihr Verhalten.

Mauerbienen haben die Angewohnheit, zur Eiablage in das Nest zurückzukehren, in dem sie selbst geschlüpft sind. Und da aus einem solchen Nest etwa zehn Tiere hervorgehen, hatte ich im darauffolgenden Frühling ausreichend Gelegenheit, ihr Verhalten zu beobachten.

Der erste Ausflügler. Eine Gehörnte Mauerbiene (*Osmia cornuta*) durchbricht den Lehmverschluss, nachdem sie elf Monate in ihrer dunklen Kammer verbracht hat.

Meistens treffe ich die Rote und die Gehörnte Mauerbiene in Gärten an. Sie tauchen ganz zu Anfang des Frühlings auf. Die Vertreter beider Arten verhalten sich sehr ähnlich. Die ersten Tiere verlassen das Nest, nachdem die Sonne ein paar Tage lang gescheint hat und die Temperaturen trotz der Jahreszeit mild geworden sind. Je nach Wetter und Jahr kann sich das Erscheinen der Bienen um drei bis vier Wochen verzögern (von Mitte Februar bis Ende März).

Die Männchen, die man an ihrem Schopf weißer Härchen auf der Stirn erkennt, sind die Ersten, die den Lehmverschluss ihrer Brutkammer durchstoßen. Die Weibchen folgen ihnen frühestens zehn Tage später.

RECHTE SEITE: Gehörnte Mauerbiene im Februar auf einem Schneeglöckchen. An sonnigen Tagen habe ich Mauerbienen auch schon bei noch geschlossener Schneedecke fliegen sehen.

Bienen sind wärmeliebend. Die Männchen der Mauerbienen verbringen die meiste Zeit damit, sich in der Sonne aufzuwärmen. Erst die gespeicherte Wärme erlaubt es ihnen, zu fliegen und sich von Blütennektar zu ernähren.

Die meisten von ihnen bleiben in der Nähe ihres Geburtsnests, wo sie bei schlechtem Wetter unterschlüpfen und die Nacht verbringen können.

Männliche *Osmia*. Bienen sind auf Wärme angewiesen. Am Vormittag suchen sie sich ein sonniges Plätzchen, an dem sie sich aufwärmen und ihre Morgentoilette verrichten können: 8–10 °C sind ihnen bei gutem Wetter genug. An ihren seidigen Borsten ist die Biene leicht zu erkennen. Der Hinterleib ist rot, die Brust schwarz, und das Männchen hat einen weißen Haarschopf auf seiner Stirn.

OBEN: Kätzchen der Sal-Weide.

RECHTE SEITE: Zwei Männchen der Gehörnten Mauerbiene. Bei schlechtem Wetter können die Mauerbienen mehrere Tage lang ohne Nahrung in ihrem Nest verbringen.

FOLGENDE DOPPELSEITE: Männchen der Gehörnten Mauerbiene. Die Fühler der Bienen sind Temperatur-, Geschmacks- und Geruchssensoren in einem. Daneben können sie Erschütterungen registrieren. Es sind äußerst wichtige Organe.

Je mehr sie werden, desto größer ist die Rivalität. Den Männchen bleiben nur noch wenige Tage, um sich mit ihren Geschlechtsgenossen zu messen. In kurzen Kämpfen bestimmen sie ihren Platz, bevor die Weibchen schließlich erscheinen. Die Paarung ist ihr Ziel, und entsprechend hart verläuft die Auseinandersetzung.

Eine großes Getöse kündigt das Erscheinen der Weibchen an. Mit einem anhaltenden Brummen, das beim Flug entsteht, erwarten die Männchen ihre Ankunft. Die Kämpfe sind brutal. Es geht darum, das Weibchen als Erster zu packen, sich auf seinem Rücken in Paarungsposition zu bringen und diesen Platz dann auch zu halten!

Zerfetzte Flügel, geknickte Fühler, Flugunfähigkeit – das sind die Insignien eines frühen Todes.

In diesem ganzen Chaos sind die Männchen weniger achtsam und geben dadurch auch für Räuber eine leichte Beute ab. Wenn sich eine Spinne ihr Netz am passenden Ort gebaut hat, werden sich einige darin verfangen.

LINKE SEITE: Erste Auseinandersetzungen zwischen Mauerbienenmännchen.

RECHTS: Eine Winkelspinne greift eine Mauerbiene an. Durch mehrere Bisse macht sie sie bewegungsunfähig.

Die Überlebenden sind immer noch zahlreich, wenn die ersten Weibchen schließlich auftauchen. Wenn man mit dem Ohr ganz nah herangeht, kann man ein leichtes Knirschen hören, wenn der Verschluss der Brutkammern geöffnet wird. Aus ihrem dunklen Zimmer befreit, würde die Biene am liebsten davonfliegen. Aber das ist nicht so einfach, wenn die Männchen derart drängen. Das Weibchen quält sich aus dem Loch, und das Warten kann noch einige zehn Minuten dauern.

Schließlich schafft es die Mauerbiene aus dem Gang ins Freie und wird unter einer Meute von Verfolgern begraben. Unfähig zu fliegen, fällt sie auf den Boden, der von sich prügelnden Männchen überzogen ist. Die ausgeschütteten Pheromone versetzen die Männchen in einen Zustand absoluter Erregung, aber nur einem einzigen von ihnen wird die Paarung gelingen.

Gehörnte Mauerbiene. Die Männchen scharen sich vor dem Gang, in dem sich noch Weibchen befinden.

Nach zahlreichen vergeblichen Versuchen dringen zwei kleine Haken für ein paar Augenblicke in den Körper des Weibchens ein. Im Anschluss an die Paarung hält das Weibchen einige Minuten lang erschöpft inne, um dann schließlich, von der Meute ihrer Angreifer befreit, davonzufliegen.

Jetzt beginnt die Zeit der Blütenbesuche, bei denen sie sich mit Nektar stärkt und Abermillionen von Pollenkörnern sammelt.

LINKE SEITE: Paarung zweier Gehörnter Mauerbienen. Man erkennt deutlich den Geschlechtsdimorphismus: Das Männchen ist wesentlich kleiner als das Weibchen. Das Paarungsgeschäft zieht sich über drei bis vier Tage hin. In dieser Zeit legen die Männchen, zusammengepfercht in ihrer künstlichen Behausung, ein archaisches Verhalten an den Tag.

UNTEN: Wenige Tage nach der Paarung sind die Männchen tot. Auf dem Foto kann man gut die lange Zunge sehen (rechts oben), eine Anpassung an das Nektartrinken.

Die Mauerbiene macht sich sofort auf die Suche nach einem Ort für die Eiablage. Sie ist eine der wenigen Solitärbienenarten, die ihr Nest im Holz bauen. In der Nisthilfe aus hohlen Stängeln übernimmt sie häufiger als andere ein altes Nest, das sie zunächst von den Spuren seiner früheren Bewohner säubert. Manchmal zieht sie aber auch in einen neuen, unberührten Stängel.

In freier Natur sucht sie sich als Unterschlupf alte Fraßgänge von holzbohrenden Käfern oder einen markhaltigen Stängel, vielleicht die Ranke einer Brombeere, zu der sie sich an einer Bruchstelle Zugang verschafft. Der Durchmesser der Eingangsöffnung sollte etwa 8 mm betragen und die Länge des Stängels rund 10 cm. Ähnlich wie die Männchen verbringt das Weibchen hier die Nacht und sucht bei schlechtem Wetter Schutz.

Weibchen der Gehörnten Mauerbiene in seinem Nistgang.

Aber hauptsächlich dient dem Weibchen der Ort zur Eiablage. Der Gang wird bald mit seinen Eiern gefüllt sein, die es in kleinen Brutkammern auf ein Gemisch aus Nektar und Pollen legt. Beides sammelt es zumeist an den großen Obstblüten von Kirsche, Pflaume oder Apfel, aber auch am Löwenzahn.

Sobald genügend Proviant gesammelt ist, kehrt die Biene zum Nest zurück und würgt den Nektar hervor, den sie in ihrem Kropf transportiert. Sie vermischt ihn mit dem Pollen zu einer homogenen Masse, die ihrem Nachwuchs als Nahrung dient.

Die Biene setzt die Sammelflüge fort, und die Reserven wachsen an. Nach etwa fünfzehn Flügen ist genug Proviant vorhanden. Nacheinander legt sie auf jedes Häuflein Pollenpaste ein Ei. Aus ihm entwickelt sich schon bald eine Larve, die sich dann vom Pollen ernährt.

LINKE SEITE: Weibchen der Gehörnten Mauerbiene auf einem Löwenzahn.

UNTEN: Bauchbürste oder Scopa. Zum Transport des Pollens benutzt die Mauerbiene die Härchen an ihrem Hinterleib. Anders als die sozialen Bienen formt sie die Pollenkörner nicht zu Bällchen, sondern hält sie nur mit ihren Körperhärchen zurück. Dadurch geht eine Menge Pollen verloren, was die Mauerbiene zu einer exzellenten Bestäuberin macht.

Im Nistgang

Die Mauerbiene betritt den Gang mit dem Kopf voran, hinterlässt den Nektar und kriecht wieder heraus, nur um dann erneut hineinzukriechen, diesmal aber mit dem Hinterteil voran. Von ihrer Bauchbürste gibt sie nun Pollen zu dem Nektar.

Auf das Ganze legt sie ein Ei. Die Männchen sind sehr viel kleiner als die Weibchen, entsprechend weniger Proviant erhalten ihre Brutzellen.

Offenbar ist die Mauerbiene also in der Lage, selbst das Geschlecht der Eier zu bestimmen.

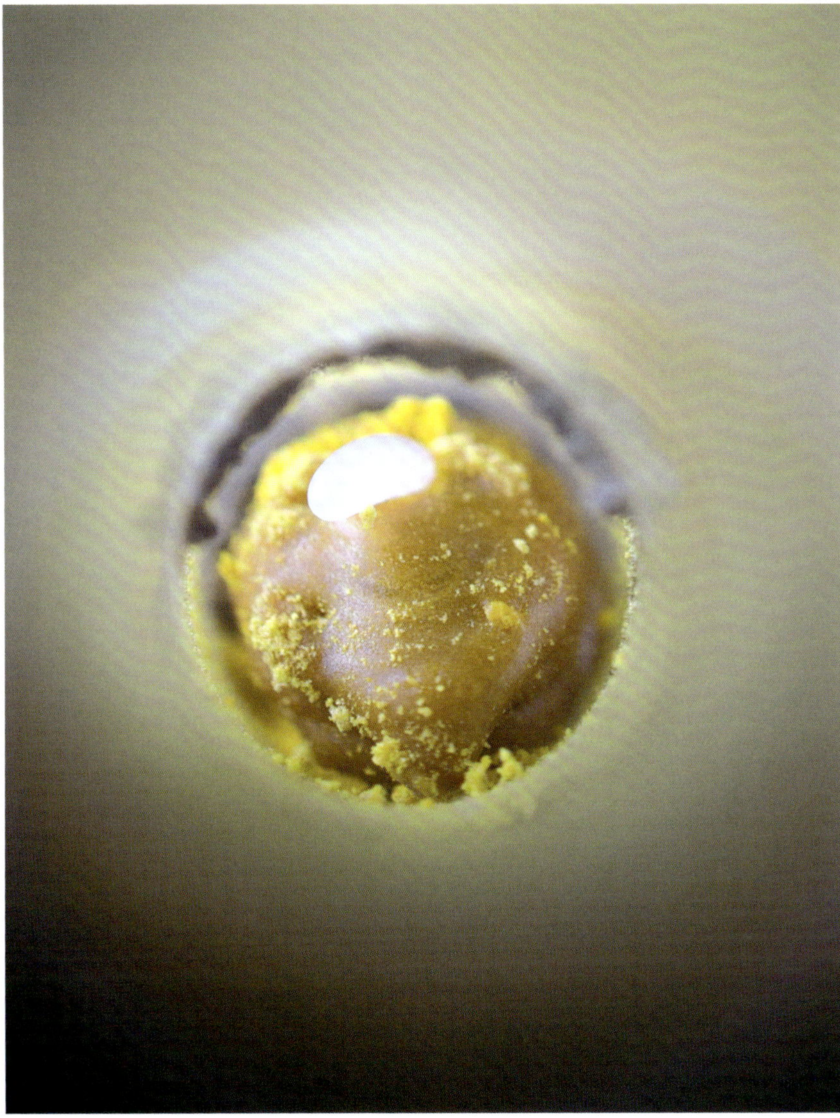

OBEN: Nach wenigen Tagen schlüpft eine Larve aus dem Ei. Sie sitzt unverrückbar auf der Pollenpaste und ernährt sich von ihr, bis die Vorräte aufgebraucht sind.

LINKE SEITE: Kopf der Mauerbiene. Die drei kleinen Einzelaugen auf der Stirn registrieren Änderungen der Lichtintensität. Mit ihren Hörnern knetet die Mauerbiene die Pollenmasse und später den Lehm, mit dem sie ihr Nest verschließt.

Nun muss die Brutzelle verschlossen werden. Aus ein wenig Lehm, den sie in Form kleiner Kügelchen heranschafft und dann mit Speichel vermischt, baut sie eine Trennwand. Nach einigem Hin und Her ist die erste Brutzelle verschlossen.

Dann beginnt die Mauerbiene von vorn, holt Pollen, legt das nächste Ei. Bald ist auch die zweite Brutzelle fertig und schließlich auch die anderen, mit denen sie den Nistgang der Reihe nach füllt.

Wenn dieser ganz gefüllt ist, verschließt die Mauerbiene den Eingang mit einem großen Klumpen Lehm. Man kann sich nun die Zeit nehmen und ihr dabei zusehen, wie sie das weiche Material bearbeitet und ihrem Namen „Mauerbiene" alle Ehre macht.

LINKE SEITE: In der Antike glaubte man, bei starkem Wind würden sich die Bienen mit einem kleinen Kieselstein beschweren, damit sie nicht davonwehen (Plinius der Ältere, 23–79 n. Chr. in seiner *Naturkunde*).

RECHTS: Lehmverschluss des Nistgangs.

UNTEN: Die Trennwände werden in Spiralbauweise mit einer Mischung aus Lehm und Nektar errichtet.

Hinter dieser Wand aus Erde verbirgt sich das Gelege, das einer ganz bestimmten Ordnung folgt: Das Geschlecht des Eis wird von der Mutter bestimmt. Ganz hinten im Gang legt die Mauerbiene die befruchteten Eier, aus denen später die Weibchen schlüpfen. Die unbefruchteten Eier werden nahe des Ausgangs abgelegt und entwickeln sich zu Männchen.

Die Mauerbiene macht sich sofort wieder auf die Suche nach einem neuen Gang, in den sie weitere Eier legen kann. Hin und wieder konnte ich beobachten, wie sich eine Mauerbiene einen Gang mit zu kleinem Eingangsloch aussuchte. Mit dem Kopf voran gelangte sie problemlos hinein, aber als sie dann versuchte, sich rückwärts in den Gang zu schieben, hatte sie größte Schwierigkeiten.

Sie unternahm mehrere Anläufe, versuchte es erneut mit dem Kopf voran, kam wieder heraus und probierte es ein weiteres Mal im Rückwärtsgang. Vermutlich fürchtete sie, sich die Flügel zu verletzen, was ihren sicheren Tod bedeutet hätte. Dieses ganze Hin und Her kann eine Weile dauern: Einmal hat sich eine Biene über eine Woche lang abgemüht.

Etwa fünfzehn Eier kann sie legen, bevor sie schließlich stirbt. Ihr Leben hat kaum mehr als ein paar Wochen gedauert. Nachdem die Larve den Pollen verzehrt und alle Vorräte aufgebraucht hat, spinnt sie sich in einen Kokon ein und verpuppt sich. So verbringt sie Herbst und Winter. Im darauffolgenden Frühling verlässt sie den Kokon, und eine neue Bienengeneration kündigt sich an.

UNTEN: Eier im Nistgang.

Der Löwenzahn

Man findet ihn in den Gärten und ab April zu Tausenden auf den Wiesen. In botanischen und heilkundlichen Büchern taucht der Löwenzahn erst ab dem 15. Jahrhundert auf. In der Medizin fand er als Mittel zur Wundheilung Verwendung. Noch heute nutzt man ihn häufig in der Phytotherapie. Sein Blütenstand schließt sich zur Nacht und öffnet sich erneut am Morgen, um den Bienen sein reiches Angebot an Pollen und Nektar zu präsentieren. Mauerbienen und andere Wildbienen sieht man gelegentlich über und über von seinem Pollen bestäubt (siehe Seite 63).

Parasitismus

Schlupfwespen

Bestimmte Schlupfwespen-Arten sind Parasiten an Bienen. Im Schwebflug stehen sie vor den hohlen Stängeln und finden mithilfe ihrer Fühler die Puppen in ihren Kokons. Mit diesem Echolotsystem können sie ihre Beute orten und ihren Legebohrer durch die Lehmwand hindurch bis dicht an die Puppe führen. Dann legt die Schlupfwespe durch den Bohrer ein Ei, das sich auf Kosten der Biene entwickelt.

LINKS, RECHTS UND UNTEN:
Perithous septemcinctorius

FOLGENDE DOPPELSEITE: *Gasteruption jaculator*

Cacoxenus indagator
Diese kleine Fliege mit roten Augen und klepto-parasitischem Verhalten (klepto- = auf Diebstahl beruhend) ist der wichtigste Fressfeind der Mauerbiene. Wenn die Biene unterwegs ist, verschafft sich die Fliege Zugang zur Brutzelle und legt dort ihre Eier. Die Larven (Maden), die aus ihnen schlüpfen, fressen die gesamte Nahrung auf, und die Larven der Mauerbiene verhungern.

Sandbienen: erdbewohnende Wildbienen

Mitte April ist der Fortpflanzungszyklus der Mauerbienen fast abgeschlossen, und andere Bienenarten erscheinen auf dem Blumenmeer der Frühlingsblüher. 45 % aller Solitärbienenarten nisten im Erdboden. Man kann sie auf Wiesen und an Böschungen beobachten.

Auf sandigem oder lehmigem Untergrund sieht man zwischen den Pflanzen manchmal viele kleine Löcher im Boden. Dabei handelt es sich um die Eingänge von Nestern, die die Sandbienen (Gattung *Andrena*) manchmal zu Tausenden in Siedlungen anlegen. In Deutschland gibt es weit über 100 Sandbienen-Arten. Bei einer davon, der Weidensandbiene, *Andrena vaga*, gräbt das Weibchen nach der Paarung ein Nest, das aus einem senkrechten Hauptgang besteht. Dieser verzweigt sich an seinem Ende in mehrere Seitengänge, die in Brutkammern für den Nachwuchs enden. Dort deponiert die Sandbiene ähnlich wie die Mauerbiene ein Gemisch aus Nektar und Pollen, dessen Bestandteile sie hauptsächlich an Weidenblüten sammelt. Sie formt die Paste zu einem Kügelchen und legt darauf ein Ei. Das Ganze wiederholt sie etwa zehn Mal, dann verschließt sie das Nest, um es vor den zahlreichen Fressfeinden zu schützen. Diese leben auf Kosten des Nachwuchses, indem sie sich auf unterschiedliche Weise Zugang zu den Brutkammern verschaffen und an den Bieneneiern parasitieren. Dazu fressen sie erst die Eier und dann den Proviant.

Nach ein paar arbeitsreichen Wochen stirbt die Sandbiene. Die Larven, die von den Parasiten verschont geblieben sind, wachsen heran und spinnen sich in einen Kokon ein, in dem sie sich im Lauf des Sommers verpuppen. So verbringen sie den Winter, um dann im Frühling zu erscheinen.

LINKE SEITE: Eine Weidensandbiene (*Andrena vaga*) nahe dem Eingang zu ihrem Nest.

OBEN: Der Eingang zum Nest, das bis zu 50 cm tief in den Boden reichen kann.

LINKE SEITE: *Andrena vaga* gräbt ihr Nest und ist ganz mit Sandkörnern bedeckt.

FOLGENDE DOPPELSEITE: *Andrena vaga* kurz bevor sie in ihr Nest schlüpft, um eine der Brutkammern mit Proviant zu versorgen. Die Borsten ihrer Hinterbeine und die Unterseite ihrer Brust sind mit Pollen bestäubt.

OBEN: Beim Kampf mit ihren Geschlechtsgenossen hat diese männliche *Andrena vaga* einige von ihren Flügelzellen eingebüßt.

LINKE SEITE: Kätzchen der Sal-Weide. Ihre frühe Blühphase und die großen Mengen an Pollen und Nektar machen sie für Insekten äußerst attraktiv. Im 5. Jahrhundert v. Chr. empfahl Hippokrates Abkochungen ihrer Blätter zur Linderung von Schmerzen. Aus den Blattwirkstoffen, die im 19. Jahrhundert bestimmt und künstlich hergestellt wurden, entstand das Aspirin.

Jede Bienenart hat mehrere Insekten, die als Parasiten von ihr leben. Unter ihnen ist der Ölkäfer eines der charakteristischsten, auch wenn sein Lebenszyklus recht komplex ist. Man kann diesen großen, flugunfähigen Käfer mit seinen Stummelflügeln im April nahe den Nestern von erdbewohnenden Bienenarten, den Sandbienen, Seidenbienen und Pelzbienen, beobachten.

Das Weibchen legt mehrere Male Tausende von Eiern (bei der ersten Eiablage bis zu 4000 Stück) in eine Erdhöhle, die es danach schnell wieder verschließt. Nach einigen Tagen schlüpfen die Larven und klettern auf Blumen, um sich dort im Pelz von blütenbesuchenden Bienen festzukrallen. Diese tragen sie dann in ihr Nest. Dort angekommen, lässt sich die Larve auf das Ei der Biene fallen und frisst es auf. Dabei achtet sie darauf, nicht in der Pollenpaste zu landen, die ihr später noch als Nahrung dienen wird. Nun vollzieht sie eine erste Umwandlung und frisst danach weiter, nur um sich zum Schluss ein weiteres Mal zu verwandeln – in die endültige Form, die sie im darauffolgenden Frühling annehmen wird.

FOLGENDE DOPPELSEITE: Bei Bedrohung presst der Ölkäfer an seinen Beingelenken Tropfen einer zähen Flüssigkeit hervor, das sogenannte Cantharidin. Der giftige Stoff dient ihm zur Abschreckung von Feinden. In der Antike hielt man das Cantharidin für ein Aphrodisiakum, aber heute weiß man von seiner tödlichen Wirkung.

LINKE SEITE: Ein Violetter Ölkäfer auf einer Pflanze. Rinder können sterben, wenn sie ihn versehentlich verschlucken.

UNTEN: Die Larve des Ölkäfers klammert sich auch an den Körpern von Bienen fest, die selbst wieder an anderen Bienen parasitieren. Dazu gehören zum Beispiel die Trauerbienen oder die Kegelbienen. Hier wird der Dieb also selbst bestohlen. Die Ölkäferlarve krallt sich unterschiedslos an den Härchen von Zweiflüglern fest und muss sterben, wenn sie nicht am Ende in eine honiggefüllte Brutkammer gelangt. Die große Fruchtbarkeit des Ölkäfers gleicht die so bedingte hohe Sterblichkeit der Larven wieder aus.

Wespenbienen: ein Leben als Parasit

Aus der Gattung *Nomada* (Wespenbienen) leben rund 60 Arten in Deutschland und sie sind alle parasitisch, weshalb man sie zu den Kuckucksbienen zählt. Als Wirte nutzen sie ausschließlich erdbewohnende Bienen, bevorzugt Sandbienen und Furchenbienen. Das Weibchen dringt in deren Nest ein und legt dort ein Ei. Wenn die Larve dann geschlüpft ist, vernichtet sie die Larve des Wirts und frisst deren Vorräte auf. Die Eiablage der Wirtsbiene und die ihres Parasiten finden fast zur gleichen Zeit statt, damit die Entwicklung parallel verläuft.

LINKE SEITE UND UNTEN: Wespenbiene auf einer Echten Schlüsselblume. Die Schlüsselblume ist ein Frühlingsblüher, den man im Mittelalter zur Behandlung von Melancholie empfahl. Sie öffne die Pforten des Himmels, so sagte man, da sie an der Stelle sprieße, wo Petrus die Schlüssel zum Paradies aus seinen Händen gleiten ließ. Getrocknet leisten ihre Blüten gute Dienste zum Aromatisieren von Getränken.

Pflanzen und Insekten – eine unzertrennliche Verbindung

Wir Menschen sind von den Pflanzen abhängig, weil sie uns die Luft zum Atmen liefern und unsere Nahrung (wie Obst und Gemüse), aber auch Holz, Pflanzenextrakte und dergleichen mehr. Die Pflanzen wiederum sind von den Insekten abhängig und umgekehrt.

Der Großteil des Pflanzenreichs sind Blütenpflanzen, die verschiedenste Strategien entwickelt haben, um sich fortzupflanzen. Viele von ihnen benutzen Wind und Wasser, aber auch Tiere, um sich zu verbreiten. Da sie sich nicht vom Fleck bewegen können, sind es meist äußere Faktoren, durch die der Pollen auf die Narben ihrer Blüten gelangt und so das Entstehen einer Frucht bewirkt. Diese wiederum enthält die Samen, die die Vermehrung der Pflanze sicherstellen. Dieser Prozess nennt sich Bestäubung, und die Insekten sind besonders gut darin, die Geschlechtsorgane der Pflanzen miteinander in Kontakt zu bringen. Sie ernähren sich von Pollen und Nektar und fliegen von einer Blüte zur nächsten, sammeln und vermischen die Pollenkörner und tragen sie unwillkürlich bei jedem Blütenbesuch tausendfach zu ihrem nächsten Landeplatz. So gelangen die Körner am Körper der Bienen vom Staubblatt der einen Pflanze zum Stempel der anderen. Dies ist das Phänomen der Fremdbestäubung, einer Partnerschaft, bei der die Pflanze durch Farbe und Form der Blüte und durch ihren Duft ein Insekt anlockt, das dann die Blume bestäubt. Diese Insektenbestäubung wird von Käfern, Zweiflüglern, Schmetterlingen und Bienen ganz unterschiedlich effizient erledigt.

LINKE SEITE: Früchte an einem Brombeerstrauch. Die Brombeere ernährt mit ihren Blättern, Blüten und Früchten viele Säugetiere, Insekten und Vögel und bietet einigen von ihnen zugleich auch Schutz und Unterschlupf.

RECHTS: Brombeerblüte. Aus ihrem Nektar macht die Honigbiene einen Honig, der durchsichtig wie Wasser ist.

Käfer: Rosenkäfer, Marienkäfer und Konsorten
Sie transportieren den Pollen an den Härchen ihrer Oberkiefer oder ihres Panzers aus Chitin. Mit ihren schweren Körpern besuchen sie meist nur Blüten, die ihnen die Landung einfach machen. Einige Arten ernähren sich von Pollen, aber auch von Kron- und Staubblättern. Dabei schädigen sie die Pflanzen oft und verhindern ihre Fortpflanzung. Sie haben nur wenig Interesse an der Bestäubertätigkeit.

LINKE SEITE: Ein Goldglänzender Rosenkäfer neben einer Honigbiene.

UNTEN: Goldglänzender Rosenkäfer auf einer Obstblüte. Sein metallisch grüner Panzer schimmert manchmal blau bis violett. Die Larve sucht in Kompost, Laubhaufen und morschem Holz Schutz vor Räubern und ernährt sich von totem Pflanzenmaterial wie morschem Holz. Ihre Entwicklung zum erwachsenen Insekt kann mehrere Jahre dauern.

Schmetterlinge

Mit ihrer langen Zunge können sie den Nektar noch aus Blütenkelchen saugen, die für andere Insekten schon zu tief sind. Den Pollen, der dabei an Kopf und Rüssel hängen bleibt, verteilen sie dann beim Weiterfliegen auf die nächsten Blüten. Die Nachtfalter kümmern sich um die Bestäubung bestimmter Blumen, die nur nachts geöffnet sind. Dennoch haben Schmetterlinge als Bestäuber nur eine untergeordnete Bedeutung.

LINKE SEITE: Der Kleine Kohlweißling. In der Antike glaubte man, Schmetterlinge seien die Seelen der Verstorbenen (sicherlich aufgrund der Metamorphose, die man leicht beobachten kann). Sie sind zarte, sehr graziöse Wesen, die sich von Blütennektar ernähren. Pollenkörner bleiben an ihnen nur wenige haften.

RECHTS: Das Schachbrett (*Melanargia galathea*). Der Gattungsname leitet sich ab von den griechischen Begriffen *mélas* für „schwarz“ und *arges* für „weiß“. Das Schachbrett ist ein häufiger, sehr schöner Schmetterling.

Fliegen: Zweiflügler mit scharfen Sinnen

Zweiflügler sind leicht, schnell und wendig. Unter ihnen gibt es einige Arten, die sich von Nektar und Pollen ernähren und hervorragend an die Blütenbestäubung angepasst sind. Manche Arten mit langen Zungen können den Nektar am Blütenboden trinken und dabei die wenigen Pollenkörner an ihrem Körper auf den Stempel übertragen. Arten mit kürzeren Zungen suchen sich entsprechend flachere Blüten zum Nektartrinken aus. Und die kleinen Blüten, die im Vergleich kaum weniger Nektar als die großen anbieten, werden von winzigen, grazilen Fliegen angeflogen, die für ihr Überleben unverzichtbar sind. Neben vielen weiteren Aspekten bieten die Zweiflügler also auch eine beachtliche und notwendige Bestäubungsleistung.

LINKE SEITE: Eine Schwebfliege der Gattung *Eristalis* wird auf einer Skabiose von einer Artgenossin angegriffen. Das Insekt ähnelt einer Biene, genauer gesagt einer männlichen Honigbiene oder Drohne. Ihre Larven entwicklen sich in Faulwasser. Auf sie könnte daher der antike Mythos des Aristaios zurückgehen, demzufolge Bienen aus Stier- oder Ochsenkadavern hervorgehen.

UNTEN: Eine Fliege putzt sich auf der Blüte eines Hahnenfußes.

OBEN LINKS: *Empis* auf einer Skabiose.

OBEN RECHTS: *Merodon equestris*.

RECHTS: Eine Fliege von vorne.

LINKE SEITE: *Syritta* auf dem Echten Eisenkraut.

Hautflügler: Bienen, Wespen und Ameisen

Auch soziale und solitäre Wespen sowie Ameisen und Schlupfwespen besuchen Blüten, um sich zu ernähren. Aber als Bestäuber spielen sie nur eine untergeordnete Rolle. Dagegen sind die Bienen sehr effizente Blütenbestäuber. Sie ernähren sich selbst und ihre Larven von Nektar und Pollen, die sie mithilfe spezialisierter, an die Arbeit angepasster Werkzeuge von den Blüten sammeln. Gemeint sind die Anpassungen im Körperbau, die ihnen das Sammeln und Transportieren ihrer Ausbeute ermöglichen, die Anpassungen ihrer Sinne, um die Blumen zu erkennen, sowie ihre Fähigkeit zu kommunizieren und ihre Verhaltensweisen. Dies alles macht die Bienen zu den perfekten Bestäubern unter den Insekten.

LINKE SEITE: Weibliche Sandbiene auf der Blüte eines Hahnenfußes.

RECHTS: Krabbenspinne. Durch Mimese ahmt sie die Blütenfarbe nach und lauert auf Beute. Sie fängt Bienen und andere Insekten, indem sie sie mit einem Biss überwältigt und ihnen ein starkes Gift einflößt.

Anpassungen der Bienen an das Sammeln

Die verschiedenen Bienenarten zeigen eine mehr oder weniger spezifische Anpassung ihrer Mundwerkzeuge an das Sammeln sowohl des Pollens als auch des Nektars.

Die Seidenbienen, die Sandbienen und die Schmalbienen haben kurze Zungen und können Nektar nur aus weniger tiefen Blütenkelchen trinken. Die Borsten, die ihre Zungen umgeben, saugen sich mit Nektar voll, und dieser wird dann aufgenommen. Längere Zungen findet man zum Beispiel bei den Pelzbienen, den Bauchsammelbienen, den Melittidae und den Echten Bienen. Die Zunge kann bei ihnen bis zu 13 mm lang sein (etwa bei der Gemeinen Pelzbiene *Anthophora plumipes*), während die Arten mit kurzer Zunge nur auf 1–3 mm Zungenlänge kommen.

Den Nektar, eine Zuckerlösung, die von kleinen Drüsen in den Blüten, den Nektarien, aus dem Pflanzensaft gewonnen wird, sammeln die Bienen in ihrem Kropf. Dort findet durch Enzyme eine erste Veredelung statt. Im Nest der Honigbiene wandert er von Mund zu Mund, wobei er verdunstet und langsam zu Honig wird. Bei den Soltärbienen dient der Nektar vermischt mit Pollen als Nahrung für die Larven. Dieser Nektar, dessen Zusammensetzung je nach besuchten Blüten sowie der Temperatur und Tageszeit variieren kann, ist der hauptsächliche Treibstoff der Bienen, die Energiequelle, die ihnen überhaupt erst erlaubt zu fliegen.

Die andere große Attraktion der Blumen ist der Pollen. Auch ihn wählen die Bienen, wie den Nektar, nach seinem Geruch und Geschmack. Die Pollenkörner, die sich in Größe, Form und Farbe unterscheiden, sind oft von einer leimartigen Substanz überzogen, besonders dann, wenn Insekten ihren Transport erledigen. Ihre raue Oberfläche sorgt zusätzlich dafür, dass sie beim Flug im Pelz der Bienen haften bleiben, sich dann beim Sammeln auf der nächsten Blüte wieder lösen können und auf dem Stempel liegen bleiben. Der Pollen hat je nach Herkunft unterschiedlichen Nährwert, und manche Bienen haben klare Vorlieben. Vertreter der Gattung *Hylaeus*, die recht ursprünglichen Maskenbienen aus der Familie der Colletidae (Seidenbienen), transportieren den Pollen vermischt mit Nektar in ihrem Kropf, während die Sandbienen den losen Pollen zwischen die Borsten ihrer Tibien (Schienen) stopfen, bevor sie die Blüte verlassen. Andere Arten benutzen ihre Brust, während die Bauchsammlerbienen am Hinterleib eine Bauchbürste besitzen, die den Pollen auf dem Flug zum Nest zurückhält. Manche Solitärbienenarten befeuchten den Pollen mit ein wenig Nektar und pressen ihn zusammen, um zu verhindern, dass er ihnen auf dem Flug verloren geht. Diese Technik setzen auch Honigbienen und Hummeln ein, die aus der Paste dichte Kugeln, das Pollenhöschen formen.

OBEN: Eine Mauerbiene saugt am Borretsch Nektar.

LINKE SEITE: Eine Pelzbiene auf einem verwelkten Löwenzahn.

OBEN LINKS: Mauerbiene mit pollenbedecktem Bauch auf einem Hahnenfuß.

OBEN RECHTS: *Dasypoda hirtipes*, eine Hosenbiene. Übersetzt heißt *hirtipes* in etwa „Haare an den Beinen“.

RECHTS: Schmalbiene auf einem Löwenzahn.

LINKE SEITE: *Andrena hattorfiana* sammelt den rosafarbenen Pollen einer Skabiose.

OBEN: Schmalbiene, eine sehr kleine Biene auf einer Kleeblüte. Die Körpergröße kann von Art zu Art erheblich variieren.

LINKE SEITE: Pelzbiene auf einer Kleeblüte.

OBEN: *Lasioglossum* auf Echtem Eisenkraut.

Holzbienen

Mit 25–30 mm Körperlänge und einer Flügelspannweite von 45–50 mm sind die Holzbienen (*Xylocopa* sp.) die größten Bienen in Deutschland. Sie sind schwarz gefärbt mit blauviolettem Schimmer. An dem gelben Ring am Ende ihrer Fühler kann man die Männchen der Großen Holzbiene gut erkennen. Holzbienen sind wärmeliebend, daher muss man sich bis zum Frühlingsende gedulden, um sie beim Bohren ihrer Nistgänge in morschem Holz beobachten zu können. Das Weibchen legt dort seine Eier in Brutkammern ab, die es in einer Reihe hintereinander anlegt. Jede Kammer wird von der vorhergehenden abgetrennt durch eine Wand aus Holz, das mit Speichel vermischt wurde. Wie bei den anderen Solitärbienen ernährt sich auch hier die Larve von einer Pollenpaste, um sich dann in einem selbst gesponnenen Kokon in das fertige Insekt zu verwandeln. Die Holzbiene taucht unvermittelt gegen Ende des Sommers auf und sucht sich dann sehr bald einen Unterschlupf zum Überwintern. Die Paarung findet erst im darauffolgenden Frühling statt.

VORIGE DOPPELSEITE: Fliegende Holzbiene neben einem blühenden Akanthus.

UNTEN UND RECHTE SEITE: Holzbiene beim Sammeln an einer Akanthus-Blüte. Viele Pflanzen in meinem Garten sind Nomaden – bestimmt ist der abgebildete Akanthus mit dem Kot eines Hähers hierhergelangt. Der Name dieser Pflanze bezieht sich auf die griechische Mythologie: Apollon, der Gott des Lichts, wollte Akantha, eine Nymphe, stehlen. Sie zerkratzte ihm das Gesicht, und zur Rache verwandelte er sie in eine stachelige Pflanze.

OBEN UND LINKE SEITE: Holzbiene auf einer Akanthus-Blüte. Ihr leichter Haarflaum verleiht dieser Biene ihr besonderes Aussehen. Durch den Pollen der Akanthus-Blüten wirkt sie wie mit Goldstaub eingepudert.

Blattschneiderbienen

Ein Glitzern, ein grünes Aufblitzen – das war mein erstes Zusammentreffen mit einer Blattschneiderbiene. Es herrscht ein ständiges Hin und Her zwischen dem Laub und dem Nistgang, in dem die Biene verschwindet, nur um kurze Zeit später wieder herauszukommen.

Blattschneiderbienen (Gattung *Megachile*) kleiden die Innenwände ihres Nests mit Blattstücken aus, die sie mithilfe ihrer Oberkiefer aus Pflanzenblättern heraustrennen. Die Stückchen fügen sie fingerhutförmig zusammen, um so zunächst das Ei und später die Larve vor Feuchtigkeit und Schimmelpilzbefall zu schützen. Wenn die Vorräte eingefüllt sind und das Ei gelegt ist, verschließt das Weibchen die Brutkammer und baut sofort die nächste Zelle vorne an.

Es ist ein seltsames Schauspiel, wie diese Biene von einem Blatt zum nächsten fliegt, sich kurz setzt, dann wieder weiterfliegt auf der Suche nach einem geeigneteren Blatt. Für den Bau benötigt sie ein Blattstück, das nicht zu steif und nicht zu weich ist, also gerade richtig, um die Konstruktion zu tragen. Außerdem ist sie auf einige wenige Pflanzenarten spezialisiert. Die Eier werden im Sommer gelegt, den Winter verbringen die daraus geschlüpften Larven im Inneren ihres Kokons. Im darauffolgenden Frühling findet dann ihre Metamorphose statt, kurz bevor sie im Freien erscheinen.

LINKE SEITE: Eine Blattschneiderbiene transportiert zwischen ihren Beinen ein Stück aufgerolltes Blatt. Im Innern ihres Nistgangs entrollt die Biene dann das Blatt und befestigt es an einer der Wände. Wenn es sich bereits im Flug entrollt, kann die Biene es nicht mehr gebrauchen und lässt es fallen.

RECHTS: Das Ausschneiden des Blattstückchens dauert kaum mehr als zehn Sekunden.

OBEN UND LINKE SEITE: Eine Blattschneiderbiene schneidet sich ein Stück aus dem Blütenblatt einer Stockrose heraus. Ein solches Verhalten ist sehr selten. Ich habe es nur ein einziges Mal beobachtet.

OBEN: Brutzelle einer Blattschneiderbiene, aus ihrem Nistgang herausgelöst.

RECHTS: Das symmetrische Schnittbild kommt nicht zufällig zustande. Die Biene wählt die Bereiche des Blattes aus, die am besten für die Konstruktion geeignet sind.

LINKE SEITE: Eine Blattschneiderbiene sammelt Pollen auf einer Flockenblume.

RECHTE SEITE: Blattschneiderbiene auf einer Lavendelblüte.

498
LES PICS.
LE PIC VERT.
MARTRE

Ich habe viel aus Büchern zur Botanik und Insektenkunde gelernt, aber in keinem davon stand, wie viele Blätter die Blattschneiderbiene für den Bau der kleinen Nisthülle zerschneidet. Um meine Neugier zu befriedigen, zählte ich die Schnipsel und verglich die Summe mit der von anderen, ähnlich gebauten Behausungen. Ich schrieb die Ergebnisse in meine Journale, so wie ich schon immer alle meine Beobachtungen auf meinen Wanderungen notiert habe: Angaben zu den verschiedenen Formen und Verhaltensweisen der Tiere, zum Aufbau der von ihnen besuchten Blüten, zu den Landschaften und dem jeweils herrschenden Wetter. Bei so vielen Informationen versagt das Gedächtnis, und wenn ich nach Jahren wieder mal in meinen Aufzeichnungen lese, sind oft viele Erinnerungen an die einzelnen Umstände verblasst.

Indem ich alles notiere, vertiefe ich mein Wissen über die Insekten, und die Gesamtheit meiner Beschreibungen erlaubt es mir, ihr Verhalten zu verstehen. Mit der Zeit habe ich auch gelernt zu zeichnen und zu fotografieren. Das Bild einer Biene im Flug, aufgenommen mit einer 250stel Sekunde, liefert einem Informationen, die dem bloßen Auge entgehen. Sich anzunähern, den geeigneten Blickwinkel zu finden, Licht- und Windverhältnisse in den Griff zu bekommen, das alles hat etwas von einer Jagd. Man enthüllt die versteckten Seiten der Dinge um einen herum. Die Bindung der Pflanzen an ihren Ort lässt einem beim Fotografieren viele Möglichkeiten, und Farben und Formen öffnen ein unendlich weites visuelles Feld. Wenn ich im Frühling eine Mohnblüte langsam erblühen sehe, weiß ich, dass eine Mauerbiene desselben Namens (die Mohn-Mauerbiene *Hoplitis papaveris*) ihre leicht zerknitterten Blütenblätter zerschneidet, um mit den Schnipseln ihr Nest auszukleiden. Doch wie viele Bienenarten habe ich sie noch nie zu Gesicht bekommen.

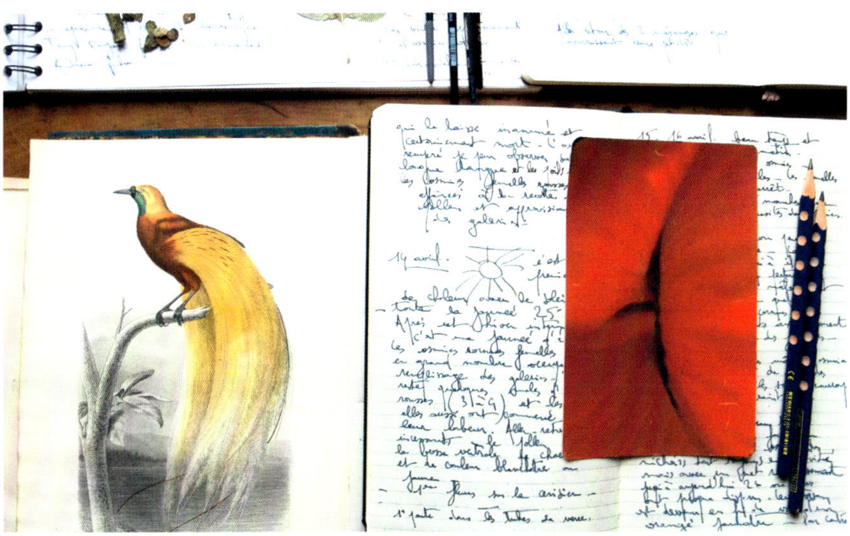

Die Löcherbiene: eine Harzsammlerin

Aus derselben Familie (Megachilidae) wie die Blattschneiderbienen stammt die Gewöhnliche Löcherbiene, *Heriades truncorum*. Diese kleine Biene nistet meist in hohlen trockenen Brombeerranken und zeichnet sich durch ihre Angewohnheit aus, das Harz von Nadelbäumen für den Bau der Trennwände und des Verschlusses ihres Nests zu sammeln. Man kann sie ab Anfang Juni bis in den September hinein an sonnigen Tagen beobachten.

LINKE SEITE: Männliche Löcherbiene auf einer Blüte.

RECHTS: Weibliche Löcherbiene am Eingang zu ihrem Nest. Bei dieser kleinen, nur 6–8 mm langen Biene sind die Beine und die Unterseite des Hinterleibs mit Pollen bedeckt, eine Besonderheit der Bauchsammlerbienen.

Man kann sie anlocken und beobachten, wenn man ihr in Holzblöcken künstliche Nistgelegenheiten anbietet. Dafür bohrt man Nistgänge von 4–5 mm Durchmesser und einigen Zentimetern Tiefe in das Holz.

Ein Parasit der Löcherbiene ist die kleine Wespe *Sapyga* aus der Familie der Keulenwespen. Sie hält sich nahe den Nistgängen der Löcherbiene auf und streckt von Zeit zu Zeit ihre Fühler in den Gang. Wenn das Löcherbienenweibchen unterwegs ist, schlüpft sie rückwärts in das Nest und legt darin ihr Ei. Wie bei den meisten Parasiten, frisst die Larve von *Sapyga* das Ei des Wirts und seinen Proviant und entwickelt sich auf Kosten der Löcherbiene.

LINKE SEITE: Eine Löcherbiene verschließt ihr Nest mit Harz und kleinen Zweigen. Als Opportunist raubt sie regelmäßig Material von den Verschlüssen benachbarter Nester.

RECHTS: *Sapyga* auf der Lauer.

Die Große Wollbiene

Bei der Garten-Wollbiene oder Großen Wollbiene (*Anthidium manicatum*) baut das Weibchen seine Brutzellen aus Pflanzenhaaren, die sie an trockenen Pflanzen sammelt. Sie sucht sich Mauerspalten oder Gänge in totem Holz, füllt sie mit der Pflanzenwolle und drückt einen Hohlraum hinein. In diese Kammer legt sie ein Ei auf etwas Pollen-Nektar-Paste. Dann verschließt sie die Brutzelle und beginnt sofort mit der nächsten. Als Besonderheit bei dieser Bienenart sind die Männchen sehr viel größer als die Weibchen. Mit großer Aggressivität greifen sie Bienen und andere Insekten an, die in ihr Revier eindringen. Nur die Weibchen der eigenen Art werden geduldet und ununterbrochen zur Paarung gedrängt.

LINKE SEITE: Männliche Wollbiene. Sie kann bis zu 18 mm lang werden. Ihre Dornen an den letzten Hinterleibssegmenten sind äußerst gefährliche Waffen.

UNTEN: Eine weibliche Wollbiene transportiert Pflanzenhaare zu ihrem Nest.

UNTEN: Wollbienen bei der Paarung.

OBEN: Wie bei jeder anderen Bienenart sind auch hier die Oberkiefer an die Lebensweise der Biene angepasst. Bei den Wollbienen dienen sie dazu, Härchen von den Pflanzenstängeln abzuschaben und zu einem festen Bällchen zu formen.

Die Efeu-Seidenbiene

Der Efeu liefert die letzte große Blühphase des Jahres. Von September bis Ende Oktober kann man auf seinen Blüten die Efeu-Seidenbiene (*Colletes heredae*) beim Pollensammeln beobachten. Sie ist nach ihm benannt, da sie völlig vom Efeu als Nahrungspflanze abhängt. Seidenbienen gehören zu den erdbewohnenden Bienen. Sie legen ihre Nester in Gemeinschaften von mehreren Hundert Individuen an. Die Weibchen graben Gänge in den Boden oder in Böschungen und legen dort ihre Eier ab. Die Brutzellen bauen sie in einer Reihe hintereinander. Zum Schutz gegen die Feuchtigkeit des Bodens kleiden sie jede Zelle mit einer wasserabweisenden Substanz aus, die sie mit Drüsen in ihrem Mund produzieren. Wie bei den anderen Solitärbienenarten legen auch die Weibchen der Efeu-Seidenbiene zunächst die befruchteten weiblichen Eier ganz hinten in den Gang auf ein Pollen-Nektar-Kissen. Zum Schluss folgen die unbefruchteten männlichen Eier in der Nähe des Ausgangs. Die Männchen schlüpfen im folgenden Jahr gut zehn Tage vor ihren Schwestern.

Mit der Efeu-Seidenbiene endet die Saison für die Solitärbienen. Die Hummelköniginnen sammeln noch schnell ihre Vorräte, bevor sie sich in einer Erdhöhle verkriechen und in den Winterschlaf fallen. Und die Honigbienen füllen ihre sechseckigen Zellen mit Pollen und Nektar, den sie auf den letzten Blüten finden. Sie verbringen den Winter im Innern ihrer Waben aus Wachs, wo sie fressen und sich wärmen und aus dem Honig Kraft schöpfen.

Nun heißt es ein paar Monate warten, bis der Kreislauf wieder von vorn beginnt.

LINKE SEITE: Seidenbienen beim Pollensammeln auf den Blüten den Efeus.

RECHTS: Die Blütenstände der Efeus vertrömen einen sehr charakteristischen Geruch.

OBEN: Die Efeu-Seidenbiene ist eine oligolektische Bienenart, das heißt, sie ist von einer Pflanzenart, dem Efeu, abhängig. Sie ernährt sich ausschließlich von seinen Blüten, deren Nektar sie mit ihrer kurzen Zunge problemlos erreichen kann.

RECHTE SEITE: Früchte des Efeus. Im antiken Griechenland war der Efeu ein Symbol für den Sieg und die Unsterblichkeit. Er kann 400 Jahre alt werden! Seine Früchte reifen im März, und für viele Zugvögel sind die schwarzen Beeren eine willkommene Nahrungsquelle.

Der Autor

Philippe Boyer ist Kameramann und Naturfotograf. Seit seiner Kindheit sind das Durchstreifen und das Beobachten der Natur seine besonderen Leidenschaften. Ganz besonders widmet er sich den Vögeln und den Insekten. Die Lektüre der berühmten Aufzeichnungen von Jean-Henri Fabre hat ihn zu diesem Buch inspiriert. Alle Aufnahmen wurden von Boyer ohne Blitzlicht gemacht, um die Tiere besonders realistisch in einem natürlichen Licht zu zeigen.

Bildquellen

Alle Fotos im Buch stammen vom Autor.

Bibliografische Information der Deutschen Nationalbibliothek:

Die Deutsche Nationalbibliothek verzeichnet diese Publikation in der Deutschen Nationalbibliografie; detaillierte bibliografische Daten sind im Internet über http://dnb.d-nb.de abrufbar.

Die französische Originalausgabe erschien 2015 unter dem Titel Philippe Boyer: Abeilles sauvages.

Wollgrasweg 41, 70599 Stuttgart (Hohenheim)
E-Mail: info@ulmer.de
Internet: www.ulmer-verlag.de
Projektleitung: Ina Vetter
Übersetzung: Ulf Müller, Köln
Lektorat: Sabine Drobik
Herstellung: Isabell Scherrieble
Umschlagentwurf: Verlag Eugen Ulmer
Satz: r&p digitale medien, Echterdingen
Reproduktion: time:ray, Jettingen
Druck und Bindung: Westermann Druck, Zwickau
Printed in Germany

MIX Papier | Fördert gute Waldnutzung FSC® C110508

ISBN 978-3-8186-1342-6